ÉTUDE ANALYTIQUE SUR L'ÉTIOLOGIE

ET SUR LES

CONDITIONS DE CURABILITÉ

DES

TUBERCULES PULMONAIRES

PAR

M. le Dr RAMBAUD,

PROFESSEUR À L'ÉCOLE DE MÉDECINE DE LYON.

(Lu au Congrès médical de Lyon).

LYON

IMPRIMERIE D'AIMÉ VINGTRINIER

RUE BELLE-CORDIÈRE, 14.

—

1864.

ÉTUDE ANALYTIQUE SUR L'ÉTIOLOGIE

ET SUR LES

CONDITIONS DE CURABILITÉ

DES TUBERCULES PULMONAIRES

La phthisie pulmonaire, ou, pour parler plus exactement, la tuberculisation pulmonaire peut-elle guérir ? Cette question à laquelle il a été jusqu'ici diversement répondu est aujourd'hui généralement résolue par l'affirmative : la clinique et l'anatomie pathologique ont fourni chacune un contingent de preuves qui résistent victorieusement à toute contestation. D'une part, ce sont des observations où on voit se dérouler, sous des yeux compétents, toute la série des signes et des symptômes rationnels et physiques de la tuberculisation pulmonaire, puis la santé renaître et persister, quelquefois même avec des signes stéthoscopiques qui témoignent irrécusablement de la dégradation et de la restauration du tissu pulmonaire. D'autre part, ce sont des autopsies qui étalent sous nos yeux des cicatrices depuis longtemps accomplies, et dont l'origine est attestée par la permanence ou par la transformation crétacée de tubercules dans leur voisinage.

De ces faits avérés, la science demande actuellement si on peut tirer quelques enseignements, si on peut en induire quelques préceptes, quelques lois pathologiques et thérapeutiques, qui permettent d'étendre à un plus grand nombre les bénéfices de ces trop rares guérisons.

L'effroyable part que la cruelle maladie se fait dans la mortalité générale, ne justifie que trop cette demande, et doit susciter chez tous la légitime ambition de travailler à la solution de ce problème qui intéresse l'humanité à un si haut degré. Je n'ai pas la prétention d'y réussir ; mon désir est plus modeste et ne vise qu'à signaler les obscurités de la question ; c'est peut-être aider à la résoudre que d'en indiquer les extrêmes difficultés.

Les micrographes et les anatomo-pathologistes nous ont montré la texture intime du tubercule ; ils nous ont appris qu'il était constitué par des cellules flétries et des noyaux isolés, noyés dans une substance amorphe, et que le tout subissait graduellement la dégénérescence graisseuse; qu'il était le résultat de la transformation des éléments normaux des tissus, ou de néoplasmes nés dans la trame des organes; qu'il pouvait quelquefois persister longtemps dans cet état primitif, mais qu'il était impossible qu'il s'élevât jamais à l'état de tissu doué de vie, et que fatalement il devait se ramollir un jour, devenir caséeux et provoquer autour de lui un travail d'élimination.

Cette notion ne nous dit rien des conditions générales et locales propres à engendrer ou à favoriser cette genèse morbide ; cependant elle nous apporte ce premier enseignement que le tubercule est probablement le résultat d'une déviation de la force d'assimilation parenchymateuse, et elle nous conduit à rechercher dans le passé hygiénique des tuberculeux, dans les conditions qui ont été faites à leur nutrition, l'étiologie et la prophylaxie de leur affection. Prévenir vaudrait encore mieux que guérir. Les statistiques prises en masse, tendent à confirmer cette présomption, en montrant avec quelle intensité la tuberculisation pulmonaire sévit sur les populations mal nourries, mal logées, agglomérées dans les grandes villes, et que leurs passions, ou des nécessités rigoureuses condamnent à l'oubli des plus simples lois de l'hygiène. Entre ces deux faits : agglomération, mauvaise hygiène des masses et tuberculose pulmonaire, il y a une connexité certaine que personne ne conteste, mais dont on voudrait connaître plus en détail les rapports intimes. Arrivée là et condamnée à aborder les faits particuliers, à dévoiler les conditions physiologiques précises de la tuberculisation , à dire pourquoi, dans les mêmes conditions, celui-ci devient tuberculeux et cet autre non, la science, qui cherche depuis longtemps se heurte à des difficultés sans nombre, tâtonne et flotte dans l'incertitude, faute de pouvoir assigner à chaque aberration hygiénique sa part d'influence dans le résultat final. Certains faits bien acquis sembleraient devoir jeter quelque lumière sur ce point. Nous savons que les vaches tenues en stabulation et dont on surmène la lactation deviennent tuberculeuses, que l'allaitement prolongé produit, chez certaines femmes dont l'alimentation laisse à désirer, le même effet, et enfin que rien n'est fréquent comme la phthisie chez les diabétiques. Ici, le trouble de la nutrition est manifeste ; il s'affirme péremptoirement, non plus par l'insuffisance, la mauvaise qualité ou la mauvaise élaboration de l'aliment , mais par l'excès de perte de matériaux de la plus haute importance ; et comme précédemment , nous saisissons nettement les deux termes extrêmes du problème, le vice de l'alimentation et la tuberculose , dans le premier cas ; l'excès des pertes, le défaut de réparation, et le tubercule dans le deuxième ; mais les phénomènes intermédiaires, ceux qui siégent dans les secondes voies, se dérobent absolument à notre connaissance.

La tuberculose sévit à tout âge; on la rencontre chez l'enfant et chez l'adulte, mais non avec la même fréquence, ni la même intensité; ses préférences sont acquises à l'adulte, à cette période de la vie entre dix et trente ans, où le corps humain acquiert en hauteur et en épaisseur ses plus grandes dimensions ; où les os et les muscles se développent ; où l'assimilation, en un mot, montre le plus d'énergie et de qualités, pour produire et multiplier rapidement les tissus. C'est évidemment à cette période que l'on rencontre, non seulement le plus de tuberculeux, mais encore les tuberculoses les plus abondantes et les plus irrémédiables; plus tôt et plus tard, le tubercule est plus rare et surtout moins abondant chez le même individu. Si bien qu'ici encore nous constatons un rapport éloigné, mais certain entre la maladie et l'assimilation. Quoi de plus naturel et de plus admissible en effet, que là où la nutrition est le plus active, ses moindres déviations aboutissent à une plus fréquente et plus abondante production d'éléments incapables de vivre.

Mais à mesure qu'on particularise davantage et qu'on cherche, en serrant le sujet, à déterminer plus exactement les conditions individuelles de la genèse du tubercule, on s'embarrasse de plus en plus dans les incertitudes. L'étude des tempéraments et des sexes, considérés dans leurs aptitudes à engendrer cette funeste production, met toujours en lumière les mêmes vérités, sans y rien ajouter ; elle montre que les tempéraments bien équilibrés, qui témoignent d'une bonne et vigoureuse nutrition, sont, entre tous, rebelles à cette détestable genèse ; que ceux au contraire qui inclinent d'un côté ou de l'autre, qui sont euxmêmes la preuve et le résultat d'une nutrition vicieuse, les tempéraments scrofuleux, lymphatiques, lymphatiques-nerveux, lymphatiques-sanguins, sont au contraire un milieu d'une fécondité déplorable pour les tubercules.

Tout prouve, à coup sûr, que le tubercule est la conséquence d'une manière d'être de l'ensemble organique ; on a dû cependant se préoccuper de savoir quelles conditions locales pouvaient profiter à son éclosion ; on a fait une part à l'hypérémie, à la fluxion, à l'inflammation pulmonaire, survenues accidentellement ou entretenues à l'état chronique par certains travaux, par certains milieux ; on a établi clairement que le poussières minérales sèches ou humides, répandues dans l'atmosphère respiré, provoquaient dans des proportions démesurées la tuberculisation pulmonaire ; mais il a toujours fallu reconnaître que ces circonstances locales ne jouaient, en définitive, que le rôle de causes occasionnelles quant à la localisation, et qu'il fallait surtout et avant tout compter avec la prédisposition native ou acquise, avec la diathèse.

En somme donc, ce que nous savons aujourd'hui de la

genèse du tubercule nous autorise à dire, qu'il est le résultat d'une assimilation vicieuse ; qu'on peut, pour son étiologie, le comparer exactement au tophus de la goutte, qui, lui aussi, est le résultat d'un vice d'élaboration dans les secondes voies ; et que, sans connaître intimement cette perversion de la nutrition dont on ne saisit pleinement que le premier et le dernier terme, on peut cependant faire obstacle à sa genèse, dans une certaine mesure, chez les masses et chez les individus. Chez les masses, par des mesures administratives et de charité que je n'ai pas mission d'exposer ici, mais qui doivent tendre à ce double but : augmenter le bien-être des hommes et élever leur niveau moral, pour qu'il fassent un bon et légitime usage de ce bien être et l'accroissent encore. Les sociétés modernes ont déjà beaucoup tenté et beaucoup fait pour accomplir ce devoir ; sous leurs efforts, le chiffre de l'âge moyen de la vie humaine s'est élevé, non pas parce que les vieillards vivent plus d'années, mais parce que les faibles, que les rudesses et les misères du premier âge emportaient au seuil de la vie, sont aujourd'hui secourus plus efficacement et sauvés d'une mort prématurée. Mais le bienfait est incomplet, car il n'est que trop sûr que bon nombre de ces infortunés sont réservés aux rigueurs ultérieures de la tuberculisation ; éclairée par la science, guidée par la charité chrétienne, la société, j'en ai la pleine conviction, réussira un jour à l'étendre encore, sinon à le compléter.

La prophylaxie individuelle réserve à la science un rôle plus immédiat et plus actif. La prédisposition se dérobe et se cache faute de signes pathognomoniques ; cependant, elle se laisse souvent au moins soupçonner par le tempérament, par des aberrations de l'appétit et de la nutrition, et peut, presque toujours, être combattue dès le jeune âge. Et, quand on songe à ce qu'on obtient des animaux par le système dit de l'entraînement, quand on pense à ce qu'il serait possible de produire chez l'enfant par une habile combinaison de mesures hygiéniques et de préparations pharmaceutiques, appliquées à chacun avec un sage discernement et une infatigable persévérance , on reste convaincu que la science n'est pas désarmée, et qu'elle peut façonner et modifier le corps de l'homme aussi bien que celui des quadrupèdes de ses étables. C'est un grand malheur qu'on ait proscrit de l'éducation de nos enfants chrétiens, toutes ces salutaires pratiques, tous ces exercices physiques que l'antiquité païenne, si amoureuse des belles formes, considérait comme le complément indispensable d'une éducation vraiment libérale ; et nous payons en tubercules aujourd'hui notre culte exclusif de l'esprit et notre dédain pour l'éducation du corps. Que la science le proclame donc avec autorité, que chacun le veuille avec une suffisante volonté, et nous créerons des générations futures dont l'énergie organique pourra porter dignement le développement intellectuel et moral..

Le tubercule une fois développé dans le poumon, la lésion est constituée, et la phthisie pulmonaire existe en fait. La vie du sujet est désormais gravement menacée et ne pourra plus être sauvegardée que par l'une ou l'autre de ces deux voies : ou le tubercule sera toléré indéfiniment restant à l'état cru, ou se résorbant, ou passant à l'état crétacé ; ou bien il se ramollira, deviendra caséeux et sera expulsé par un travail d'élimination et remplacé par une cicatrice restauratrice. Ce qui peut s'appeler, dans le premier cas, guérison par tolérance indéfinie ou transformation ; dans le second, guérison radicale par expulsion et réaction salutaire et triomphante de l'organisme. Voyons maintenant jusqu'à quel point la science est en mesure de poursuivre et d'atteindre l'un ou l'autre de ces deux résultats.

Pour que la tolérance s'établisse, pour qu'elle se laisse seulement espérer, il faut évidemment que la lésion soit médiocre en quantité, et surtout et d'abord qu'elle s'arrête et cesse de croître, si bien que nous sommes immédiatement ramenés à la question de la prophylaxie et d'une prophylaxie de plus en plus difficile et laborieuse, à cause de la décroissance avérée des moyens de restauration de l'organisme. Mais en admettant que ce résultat soit obtenu, et on est fondé à croire qu'il se produit, en effet, quelquefois spontanément, l'ignorance où nous sommes des conditions propres à réaliser, à favoriser cette tolérance, nous laisse dans la plus triste incertitude. Nous savons bien qu'une fluxion se fait autour de la lésion, que cette lésion s'imprègne de liquides et que l'évolution ultime du tubercule s'annonce par ces phénomènes locaux ; mais ce que nous savons encore mieux, c'est que les moyens pharmaceutiques que nous pouvons opposer à la fluxion pulmonaire dans ce cas, sont une arme à deux tranchants, et qu'ils échouent si souvent, que quand par hasard ils semblent avoir réussi, on peut se demander si ce n'est pas parce qu'on a rencontré un sujet spécialement bien doué.

Le temps accordé à l'évolution du tubercule, le temps pendant lequel il est toléré sans dommage bien évident pour la santé, varie notablement chez les divers sujets, et cette variabilité paraît subordonnée plutôt à des conditions inhérentes à l'individu, qu'à des causes occasionnelles extérieures. Tel qui avait jusqu'alors bravé impunément bien des causes énergiques de fluxion thoracique, voit tout-à-coup ses tubercules se ramollir, sous l'influence d'une cause insignifiante ; chez tel autre le ramollissement éclate hâtivement et sans cause appréciable, ou sous les coups d'une influence des plus légères. Or, que savons-nous de ces conditions individuelles qui font la tolérance, qui retardent l'évolution fatale, ou qui favorisent une transformation heureuse ? Il faut avoir le courage de le dire, nous ne savons encore rien de certain, rien surtout qui puisse motiver une médication rationnelle ; nous avons des présomptions et c'est tout.

Nous pouvons accuser certains tempéraments où prédomine l'élément sanguin, certains milieux qui engendrent les phlegmasies pulmonaires, de précipiter l'intolérance, en déterminant des fluxions intempestives ; nous sommes à peu près sûrs que la durée du tubercule, à l'état cru, est d'autant plus longue que le sujet qui le porte est plus avancé en âge et par conséquent que sa nutrition est plus complète ; mais des conditions intimes de cette tolérance nous ne savons rien. A défaut de ces connaissances précises, chaque doctrine médicale, pliant la genèse de la maladie à ses conceptions préconçues, a prétendu l'expliquer, l'enrayer ou la guérir. Inutile de dire comment chacune a réussi. L'aveugle empirisme a préconisé toutes les drogues et toutes les substances possibles sans jamais trouver dans l'épreuve clinique la justification de ses prétentions. Aujourd'hui, les théories chimiques ressuscitent et un auteur anglais prétend que le tubercule est le résultat d'un défaut d'oxydation dans les secondes voies ; que l'oxydation régulière et normale ne se peut produire qu'à la condition de la présence dans le sang du phosphore incomplètement oxydé ; et partant, que le remède à la tuberculose à tous les degrés est trouvé et que les hypophosphites alcalins sont le spécifique du tubercule, comme le mercure est celui de la vérole. Suivant cet auteur, le remède n'amène pas seulement la tolérance, il provoque la transformation et la disparition du tubercule qui est détruit sur place et résorbé sans passer par le ramollissement. Je ne suis pas compétent pour juger la théorie chimico-physiologique si savamment développée par M. Churchill, mais je dois reconnaître que les résultats cliniques qu'il produit pour la justifier sont merveilleux, trop merveilleux même, dirai-je, car ils ne sont pas d'accord avec ceux obtenus par d'autres praticiens qui ont essayé de son spécifique, et qu'il est difficile d'admettre que celui-ci ne produise de bons effets qu'entre ses mains. Le temps et l'expérience de tous nous diront bientôt si le docteur Churchill a vraiment trouvé la solution si désirable de cet ardu problème. Actuellement laissant de côté ce point encore à l'étude, si nous faisons l'inventaire de la science sur cette question, nous ne pouvons guère trouver de définitivement acquises que les propositions suivantes :

Le tubercule pulmonaire est toléré impunément à l'état cru, pendant plus ou moins longtemps chez les divers individus;

On est autorisé à croire qu'il est toléré d'autant mieux et plus longtemps qu'il est en plus petite quantité et que la diathèse est moins énergique ;

Il est certain qu'il est plus longtemps toléré, plus facilement transformé chez le vieillard, et on peut soupçonner que ce bénéfice tient à l'intensité moindre de la diathèse, à la diminution de la sensibilité organique, et à un moindre besoin d'assimilation.

L'intolérance s'annonce habituellement par des fluxions pulmonaires et par un surcroît de la sensibilité des voies respiratoires.

Mais de tout ceci, il ne ressort évidemment aucune notion bien précise des conditions qui font la tolérance, et partant, aucune indication péremptoire, décisive et s'appliquant à tous les cas ou même à certains cas déterminés. Nous voyons seulement très-bien que les conditions de mauvaise nutrition qui ont fait la lésion, conservent leur empire et précipitent son évolution finale, quelquefois sous la pression de circonstances extérieures appréciables, et trop souvent par leur énergie propre. C'est donc, encore ici, à ces causes, connues seulement par leurs effets détestables, que la science doit s'attaqner, en mesurant son action aux susceptibilités, aux aptitudes, aux tempéraments de chacun, en adaptant ses moyens aux causes hygiéniques présumées coupables, en préservant l'organisme de toute influence capable d'apporter un ébranlement funeste à l'équilibre fonctionnel. Et cette tâche, qui devient déjà plus dificile que la prophylaxie proprement dite, n'est cependant ni aussi ingrate, ni aussi impuissante qu'on pourrait le craindre ; seulement, elle demande à celui qui l'entreprend, le sacrifice de tous les partis-pris, et un esprit attentif et prêt aux plus minutieuses appréciations des organismes et des effets produits sur eux par les stations thermales, hyvernales, maritimes, montagneuses, par les médications pharmaceutiques et hygiéniques diverses ; afin de doser, de combiner, de varier, de suspendre ces modificateurs, de manière à les faire concourir sans encombre au but proposé, la restauration et la roboration de l'individu. Tant que nous ignorerons les conditions intimes de la tuberculose et les façons d'agir des causes multiples que nous saisissons à l'origine de l'affection, tant que l'empirisme, ce qui est encore moins probable, n'aura découvert aucun spécifique, ce sera là, on ne saurait trop l'affirmer, l'unique voie ouverte à la science médicale, la seule féconde, la seule qui puisse donner quelques résultats heureux.

Le tubercule qui n'a pas été transformé et qui ne doit plus être toléré dans le parenchyme pulmonaire, s'imprègne de liquide, se ramollit, et tout aussitôt commence autour de lui un travail qui tend à le rejeter au dehors. Le diagnostic qui avait pu rester incertain jusqu'à ce jour s'éclaire alors de clartés sinistres, et la dernière lutte commence. Lorsqu'on croyait que le tubercule était un tissu spécial, doué d'une vie propre, on attribuait cette évolution dernière à des nécessités inhérentes à lui-même ; on pensait que ce tissu pathologique qui ne pouvait vivre qu'un certain temps, devait passer par diverses phases successives et finir nécessairement par cette transformation. Aujourd'hui, mieux renseignés sur sa texture et son origine, ce n'est pas à lui que nous pouvons demander les causes et les conditions de cette dernière période de son existence, mais bien aux tissus qui le portent.

Tout corps étranger qui a pris place dans un parenchyme est abreuvé de liquide, dissous si sa nature s'y prête, et résorbé ; ou bien des néoplasmes s'accumulent et s'organisent autour de lui et le séparent par un kyste du tissu vivant qui peut désormais le conserver indéfiniment ; ou bien enfin la suppuration s'établit autour de lui et lui crée un chemin jusqu'à une surface en communication avec l'extérieur. C'est par le premier et le troisième mode que le tubercule peut disparaître ; le deuxième, qui veut pour s'accomplir des tissus sains et énergiquement vivants, lui est à peu près constamment refusé. Et on comprend qu'il en soit ainsi, quand on examine les parties dans son voisinage immédiat ou la surface des cavernes qui lui ont succédé ; on ne

trouve là aucune trace d'une vie active ; ce n'est qu'un dé-
tritus pulpeux, ramolli, qui ne laisse que très-rarement
apercevoir des apparences de restauration et dans lequel
le microscope constate la présence de globules sanguins et
surtout d'abondants corpuscules graisseux. Le trouble de la
nutrition, que nous avons constaté à chaque pas de cette
étude, reparaît ici, plus grave et plus profond, et malheu-
reusement ne se limite pas à la place occupée par la lésion
la plus apparente. La dégénérescence graisseuse des parois
des capillaires du poumon, des muscles, de ceux du larynx
spécialement, les crachats qui contiennent souvent autant
de graisse que de pus, tout prouve que l'énergie de l'assimilation s'affaisse et périclite de plus en plus. Comment
s'étonner, dès-lors, que le sujet qui aborde la grande lutte
avec des conditions locales si déplorables, avec cette im-
puissance présumée de l'organisme entier, succombe si souvent ? En effet, il ne lui faudrait pas à ce moment un médiocre effort et de petites ressources pour supporter le poids
de la tâche qui peut conduire à la guérison. Toutes ces petites suppurations locales à établir, toutes ces voies à tracer
au travers du poumon jusqu'à la surface des bronches, ne
s'accompliront pas sans troubler notablement l'hématose et
beaucoup d'autres fonctions importantes, sans provoquer
des accès de fièvre qui, bien que nécessaires et salutaires
par leurs tendances, ne laisseront pas que d'épuiser ce qui
reste de forces. Arrivés-là, nous ne démêlons que trop bien
les difficultés du problème thérapeutique : nous sommes en
face d'un organisme épuisé déjà et presque incapable de
réactions énergiques et continues, et qui aurait besoin cependant de forces surabondantes pour triompher.

Comment sortir de cette impasse redoutable, quelles circonstances peuvent faire espérer le succès, quels moyens
peuvent aider ou conduire à cet heureux résultat ? Si les
tubercules sont en petite quantité et de médiocre volume,
si ils sont rapprochés de la surface des bronches, ils seront
expulsés plus vite et plus facilement. Si, au lieu de se ramollir tous à la fois, ils ne suppurent que successivement

les uns après les autres et lentement, la secousse sera moins violente et plus légère à supporter. Si le sujet n'a pas été trop profondément modifié, si il a conservé une suffisante puissance d'assimilation, si il possède encore une dose notable de résistance et de forces cachées, il sera mieux préparé et pourra peut-être suffire au travail de la restauration. Si la sensibilité des voies respiratoires n'est pas trop surexcitée et ne provoque pas des efforts incessants de toux, qui augmentent les troubles de la respiration et de la circulation et éloignent la bienfaisante réparation du sommeil, il aura une dernière ressource des plus précieuses.

Ces circonstances diverses, toujours difficiles à déterminer *à priori*, résument à peu près les conditions les plus favorables qui puissent être faites aux tuberculeux ; elles ne dépendent pas expressément de telle ou telle forme, d'un tempérament, ou d'une circonstance accessoire quelconque; elles sont étroitement subordonnées à la diathèse et aux mille causes qui l'ont constituée ; elles sont d'autant plus apparentes ou plus probables que la diathèse a eu et conserve moins d'énergie. Si bien que l'on peut conclure, que les chances de guérison sont en raison directe de la quantité de lésions à réparer, de la quantité de forces que l'économie possède encore et de la somme d'efforts qu'elle est encore capable d'accomplir pour sa propre restauration ; que la thérapeutique doit tendre avant tout à susciter et à développer ces ressources de l'organisme et à en faire le meilleur usage possible.

Enoncer ces principes, c'est être presque banal à force d'être vrai et cependant que de dissidences et d'égarements à signaler quand il s'agit de les mettre en pratique ! Les uns conseillent exclusivement ceci ou cela, le plomb, l'iode, l'arsenic, les chlorures, l'émétique, l'huile de foie de morue, etc. Les autres, se fiant aux fallacieuses promesses de l'empirisme, font des statistiques avec des unités qui ne se ressemblent pas toujours. Je n'ai ni le temps, ni la mission d'étudier et de discuter ce qu'il peut y avoir de bon ou de condamnable dans ces médications diverses et dans la ma-

nière de les employer. Je n'ai eu qu'un but, insister énergiquement sur l'importance capitale de la notion de l'étiologie et de la diathèse, et montrer qu'à tous les âges de l'affection, cette notion donne la mesure du danger et indique
le sens des recherches à faire et des médications à tenter.
Elle enseigne, en effet, que l'affection et la lésion sont nées
d'une atteinte portée au mode de nutrition; que l'une et l'autre ne peuvent guérir que par une modification soutenue
imprimée à l'ensemble organique : elle commande impé-
rieusement de soutenir et d'alimenter le plus possible le
patient, de répudier absolument toutes les pratiques débi-
tantes et hyposthénisantes, trop souvent employées sous le
dangereux prétexte d'une révulsion au moins inutile; de
rechercher et de corriger, dans le tempérament, dans les
conditions spéciales des sujets, les causes qui portent atteinte
à la nutrition : elle montre enfin le néant, le danger ou l'incertitude des médications employées sans lois ni règles en
dehors de ses enseignements.